南极科考

姜永育 著/ 赵建东 主编/ 张　杰 总主编

北方联合出版传媒（集团）股份有限公司
辽宁少年儿童出版社
沈 阳

图书在版编目（CIP）数据

南极科考 / 姜永育著；赵建东主编. — 沈阳：辽宁少年儿童出版社，2024.6
（AR全景看·国之重器 / 张杰总主编. 第三辑）
ISBN 978-7-5315-9824-4

Ⅰ. ①南… Ⅱ. ①姜… ②赵… Ⅲ. ①南极—科学考察—中国—少年读物 Ⅳ. ①N816.61-49

中国国家版本馆CIP数据核字(2024)第106941号

南极科考
Nanji Kekao
姜永育 著　赵建东 主编　张　杰 总主编
出版发行：北方联合出版传媒（集团）股份有限公司
　　　　　辽宁少年儿童出版社
出 版 人：胡运江
地　　址：沈阳市和平区十一纬路25号
邮　　编：110003
发行部电话：024-23284265　23284261
总编室电话：024-23284269
E-mail:lnsecbs@163.com
http://www.lnse.com
承 印 厂：鹤山雅图仕印刷有限公司

策　　划：胡运江 许苏葵 梁　严
项目统筹：梁　严
责任编辑：肖延斌 惠春鹏
责任校对：贺婷莉
封面设计：精一·绘阅坊
版式设计：精一·绘阅坊
插图绘制：精一·绘阅坊
责任印制：孙大鹏

幅面尺寸：210mm×284mm
印　　张：3　　　　字数：60千字
插　　页：4
出版时间：2024年6月第1版
印刷时间：2024年6月第1次印刷
标准书号：ISBN 978-7-5315-9824-4
定　　价：58.00元

AR使用说明

1 设备说明

本软件支持Android4.2及以上版本，iOS9.0及以上版本，且内存（RAM）容量为2GB或以上的设备。

2 安装App

①安卓用户可使用手机扫描封底下方“AR安卓版”二维码，下载并安装App。

②苹果用户可使用手机扫描封底下方“AR iOS 版”二维码，或在App Store中搜索“AR全景看·国之重器（第三辑）”，下载并安装App。

3 操作说明

请先打开App，将手机镜头对准带有AR图标的页面（P15），使整张页面完整呈现在扫描界面内，AR全景画面会立即呈现。

4 注意事项

①点击下载的应用，第一次打开时，请允许手机访问“AR全景看·国之重器（第三辑）”。

②请在光线充足的地方使用手机扫描本产品，同时也要注意防止所扫描的页面因强光照射导致反光，影响扫描效果。

丛书编委会

主编简介

总主编

张杰：中国科学院院士，中国共产党第十八届中央委员会候补委员，曾任上海交通大学校长、中国科学院副院长与党组成员兼中国科学院大学党委书记。主要从事强场物理、X射线激光和“快点火”激光核聚变等方面的研究。曾获第三世界科学院（TWAS）物理奖、中国科学院创新成就奖、国家自然科学二等奖、香港何梁何利基金科学技术进步奖、世界华人物理学会“亚洲成就奖”、中国青年科学家奖、香港“求是”杰出青年学者奖、国家杰出青年科学基金、中国科学院百人计划优秀奖、中国科学院科技进步奖、国防科工委科技进步奖、中国物理学会饶毓泰物理奖、中国光学学会王大珩光学奖等。并在教育科学与管理等方面卓有建树，同时极为关注与关心少年儿童的科学知识普及与科学精神培育。

分册主编

王建斌：中国航天科工集团有限公司二院二部正高级研究员、总设计师，工学博士，博士研究生导师，长期从事国家重点项目研制工作，在航天器研制、发射与测控领域积累了丰富的经验，曾获得国家科技进步特等奖2项、二等奖1项，省部级科技进步奖3项，享受国务院政府特殊津贴待遇，获得6项发明专利授权，发表学术论文20余篇。

马娟娟：科普作家、国防科普教育专家，海军首部征兵宣传片《纵横四海 勇者无界》编导。中国科普作协国防科普委员会委员、中国科普作协科普教育专业委员会副秘书长，长期从事海洋与国防科普传播工作，撰写多篇国防科普教育论文，创作多部科普作品。策划组织了庆祝人民海军成立70周年系列活动、海洋与国防科普全国青少年系列活动、“中科小海军”系列课程进校园活动等，所策划组织的多项活动获得中央电视台、新华社、中国教育网、科普中国、科技日报、全军融媒体关注及报道。

张劲文：教授、教授级高级工程师，工学博士，管理学博士后，博士研究生导师，现任广州航海学院党委委员、副校长，广东省近海基础设施绿色建造与智能运维高校重点实验室主任，曾任港珠澳大桥工程总监，享受国务院政府特殊津贴待遇，“全国五一劳动奖章”“中国公路青年科技奖”获得者，并获“广州市优秀专家”称号。科研成果获广东省科技进步特等奖、教育部科技进步一等奖等奖项共10项。

孙宵芳：北京交通大学电子信息工程学院副教授，信息与通信工程博士，研究生导师，长期从事5G通信、5G物理层研发、无线资源优化管理、非正交多址技术、无人机无线通信技术、铁路专用移动通信的研究，主持和参与多项国家自然科学基金、国家自然科学重点基金、重点研发计划等项目。

赵建东：中国自然资源报社融媒体中心主任、首席记者，长期跟踪我国极地事业发展报道。2009年10月—2010年4月，曾参加中国南极第26次科学考察，登陆过中国南极昆仑站、中山站、长城站三个科考站，出版了反映极地科考的纪实性图书——《极至》。2021年，牵头编著出版“建设海洋强国书系”，且该书系被评为全国优秀科普图书。其作品曾获第23届中国新闻奖，在2016年、2018年两次入围中国新闻工作者最高奖“长江韬奋奖”最后一轮。

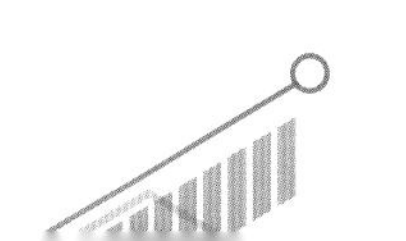

序

我国科技正处于快速发展阶段，新的成果不断涌现，其中许多都是自主创新且居于世界领先地位，中国制造已成为我国引以为傲的名片。本套丛书聚焦“中国制造”，以精心挑选的六个极具代表性的新兴领域为主题，并由多位专家教授撰写，配有500余幅精美彩图，为小读者呈现一场现代高科技成果的饕餮盛宴。

丛书共六册，分别为《天问一号》《长征火箭》《南极科考》《和平方舟》《超级港口》《5G通信》。每一册的内容均由四部分组成：原理、历史发展、应用剖析和未来展望，让小读者全方位地了解“中国制造”，认识到国家正在日益强大，从而增强民族自信心和自豪感。

丛书还借助了AR（增强现实）技术，将复杂的科学原理变成一个个生动、有趣、直观的小游戏，让科学原理活起来、动起来。通过阅读和体验的方式，引导小朋友走进科学的大门。

孩子是国家的未来和希望，学好科技，用好科技，不仅影响个人发展，更会影响一个国家的未来。希望这套丛书能给小读者呈现一个绚丽多彩的科技世界，让小读者遨游其中，爱上科学研究。我们非常幸运地生活在这个伟大的新时代，我们衷心希望小读者们在民族复兴的伟大历程中筑路前行，成为有梦想、有担当的科学家。

中国科学院院士

目录

第一章 荒凉神秘的南极大陆

你知道地球上最后一个被发现、唯一没有人类定居的大陆是哪里吗？它就是位于地球最南端的南极洲。

南极洲是地球七大洲之一，为冰雪覆盖的大陆。南极洲包括南极大陆、陆缘冰及其周围岛屿，面积约为1405万平方千米，约占世界陆地面积的10%。南极大陆被大洋包围，平均海拔2350米，是世界上海拔最高的大陆。

第一节 冰雪覆盖的寒冷世界

南极大陆是南极洲的主体，常年被冰雪覆盖，冰川从陆地中央一直延伸到海上，冰雪茫茫，像白色沙漠一样无边无际，具有原始、神秘、纯净、荒凉、高冷的独有特色。

1 地球冷库

南极洲处于高纬度地区，因此形成了极端寒冷的气候，是地球上最寒冷的地区，年平均气温-28℃左右，从沿海到内陆气温逐渐降低，内陆年平均气温更是低至-40℃~-60℃。

1983年，苏联南极考察队在东方站曾记录到-89.2℃的低温。后来，又有其他国家的南极考察队测到了超过-90℃的极端低温。

2 “世界风极”

南极洲是世界上风最多并且风力最强的地区，素有“世界风极”之称。据统计，南极洲每年8级以上的大风日约300天，年平均风速19.4米/秒，最大风速可达75米/秒。1912年，澳大利亚南极考察队在丹尼森海峡附近越冬，测得该地月平均风速最大为24.9米/秒，日平均风速最大为36米/秒，瞬时最大风速超过100米/秒。这是人类测得的最大风速。1949年，法国南极考察队也调查了该地气象状况。两队考察结果显示，该地是地球上风速最大的地区。

3 最干之地

南极洲是地球上最干燥的大陆，被称为“白色沙漠”。年降水量自中央高原向大陆边缘逐步增加。这里几乎所有降水都是雪和冰雹。据气象部门统计,全洲年平均降水量约为12厘米，中央高原的年平均降水量约为5厘米。极点附近降水极少，空气十分干燥。

第二节 资源丰富的“地球宝库”

南极大陆虽然表面被冰雪覆盖，寒冷而又荒凉，但蕴藏的资源非常丰富，是大自然馈赠给人类的一块“宝地”。

1 丰富的地下矿藏

南极洲蕴藏的能源与矿物资源种类众多，约220种。西南极大陆以铜、铅、锌、锰、金、银等有色金属为主,已发现有铜、铅、锌、银等有色金属矿和丰富的煤层。其发现的煤层是世界上最大的煤田之一。东南极大陆多以铁、锰、钼、金刚石、石墨和其他非金属矿产为主。特别是查尔斯王子山脉的铁矿床，是世界上蕴含量最大的铁矿床之一。

2 丰富的淡水资源

南极是地球上淡水资源最丰富的地区。这里的冰占世界冰总量的90%以上，冰盖平均厚度超过2000米，冰盖储存的水资源占地球淡水资源的72%。其水质极好，几乎没有受到污染，很多国家内陆考察队员直接挖冰烧水做饭。

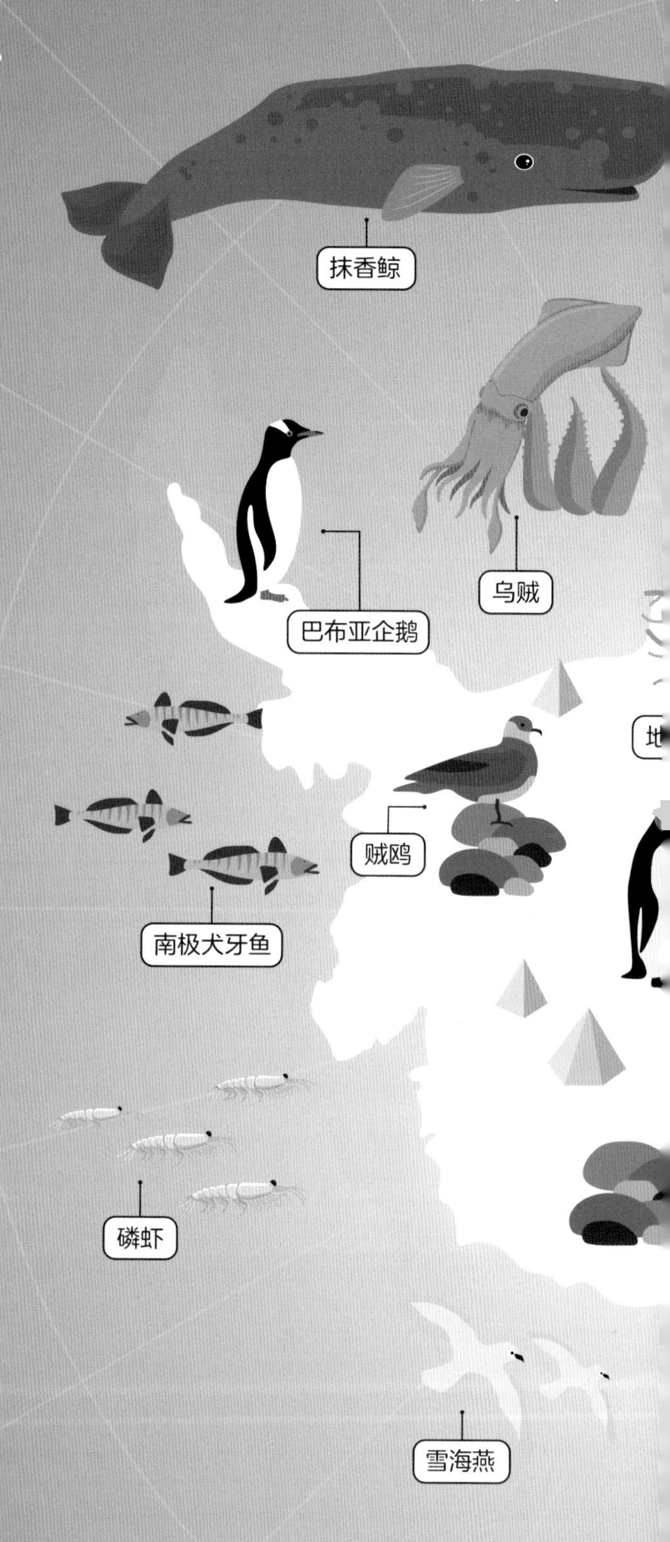

3 丰富的海洋生物

南极洲自然环境严酷，生物种类稀少，但生物资源丰富，拥有全球三个“之最”：一、磷虾产量全球最大，养育了南极洲海域众多生物，如鱼类、海鸟、鲸等等；二、生活着大约1.2亿只企鹅，数量全球最多，占世界企鹅总数的87%，是名副其实的“企鹅王国”；三、海豹数量约3200万，占世界海豹总数的90%以上，数量居全球第一，可谓“海豹之洲”。

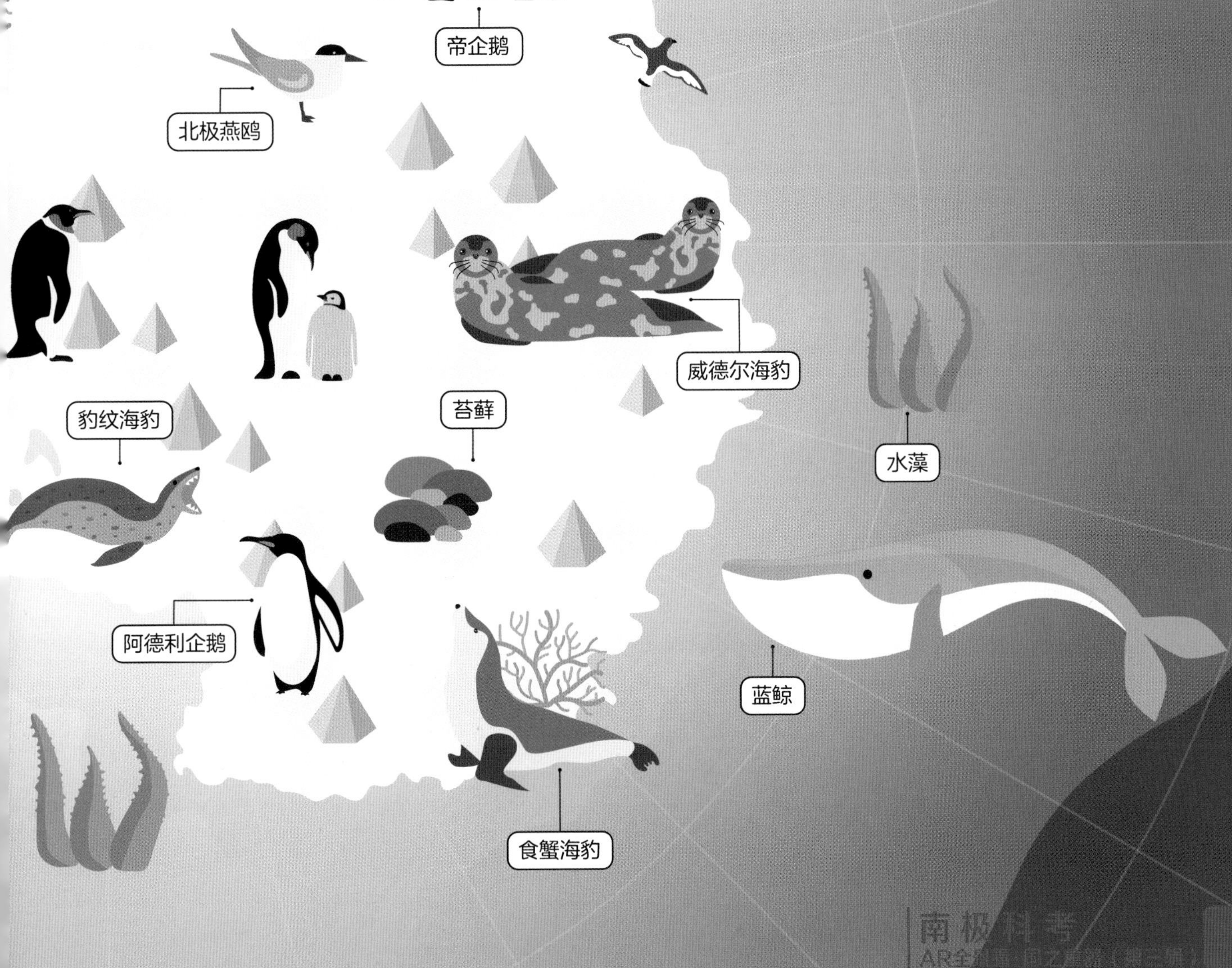

虎鲸
罗斯海豹
帝企鹅
北极燕鸥
威德尔海豹
豹纹海豹
苔藓
水藻
阿德利企鹅
蓝鲸
食蟹海豹

第二章 人类向南极进军

由于气候严寒、环境恶劣，在历史上南极洲一直无人涉足，直到19世纪20年代，人类探索的脚步才踏上这片远古大陆，并吹响了进军的号角。

第一节 探险家的发现

早在两千多年前，古希腊人便根据太阳总是出现在南面天空的事实，认为南半球有一片大陆存在，当时的天文学家、哲学家亚里士多德将这块想象中的陆地称为“南方的大陆”。为了寻找这块大陆，探险家们前赴后继，踏上了去往南极的漫漫征程。

俄国航海家别林斯高晋

1 发现南极的探险家们

1820年1月27日，俄国航海家别林斯高晋率领探险队，驾驶“东方”号和“冒险”号前往南极。

经过一年多的探寻，他发现了两座小岛——彼得一世岛和亚历山大岛，被认为是第一个发现南极的探险家。后来，英国、法国、美国、挪威等国的探险家纷纷到南极探险、捕猎，南极大陆、山脉、岛屿、近海、海岸等不断被发现。

2 踏上南极大陆的人们

进入20世纪，挑战南极内陆的探险家越来越多，他们更多地瞄准了南极点。第一个到达南极点的人，是挪威极地探险家罗尔德·阿蒙森。1911年12月14日，他带领随行人员抵达南极高原，并在那里升起了挪威国旗。英国人罗伯特·福尔肯·斯科特也于1912年1月抵达南极点，不幸的是，他和队友们在返回途中遇到暴风雪，先后丧生。

第二节 科学考察站的建立

南极洲被发现后，两个世纪以来，许多科学家曾前往那片白色大陆，开展科学考察和探索活动，并建立了一个个科学考察站。

1 南极科考的意义

南极洲是理想的天然实验室，因为它是地球上迄今唯一未被开发的处女地，也是唯一没有常住居民和未被工业污染的洁净之地。

对于研究南极的科学意义，有科学家这样描述：“南极硕大无朋的亘古冰盖，如同一座蕴藏着无数历史上大气和气候宝贵信息的图书馆；南极也是最好的研究地球空间的地区；除了大气，南极还是世界上最好的研究宇宙的地方……”

2 各国建立科考站

1904年2月24日，阿根廷在南极南奥克尼群岛的斯科舍湾建立了一个永久科学考察站，这就是世界上第一个南极考察站——奥尔卡达斯站。根据国家南极局局长理事会官方统计，迄今为止各国在南极一共建立了83个科考站，其中包括42个常年站，41个夏季站。俄罗斯、阿根廷、美国拥有的南极科学考察站数量较多，分别是8个、7个、6个，中国和智利各5个，德国和日本各4个……

世界上所有的南极越冬站可以住宿的峰值为3989人，其中美国麦克默多站最大，可以住宿1200人。它由美国在1956年建成，拥有各类建筑200多栋，还建有洲际机场、海水淡化厂、医院、俱乐部、影院、商店等，被称为“南极第一城”。

3 中国建立科考站

1984年11月20日，国家海洋局派出第一支南极考察队，奔赴南极洲和南太平洋进行综合性科学考察。在此基础上，1985年2月20日，中国第一个南极科考站——长城站正式建成。它矗立在南极洲的菲尔德斯半岛上，向全世界庄严宣告：中国，正式成为第十八个在南极洲建立科学考察站的国家！

中国南极科学考察
CHINARE
CHINESE NATIONAL ANTARCTIC RESEARCH EXPEDITION

继长城站之后，中国又先后建立了中山站、昆仑站、泰山站、秦岭站。2024年2月7日，中国南极秦岭站建成并投入使用，这是我国第五个南极科考站。

长城站

秦岭站

昆仑站

中山站

泰山站

第三章 中国南极科考大本营——中山站

中国南极中山站（简称中山站）是以中国民主革命伟大先驱孙中山先生的名字命名的科学考察站。

中山站是中国规模最大的南极考察基地，它不仅肩负着中国南极考察的支持任务，而且是中国科学家开展南极内陆考察的大本营，可以说，中山站就是一颗璀璨的科学明珠，它镶嵌在南极普里兹湾沿岸，为人类探索南极奥秘散发出熠熠光芒。

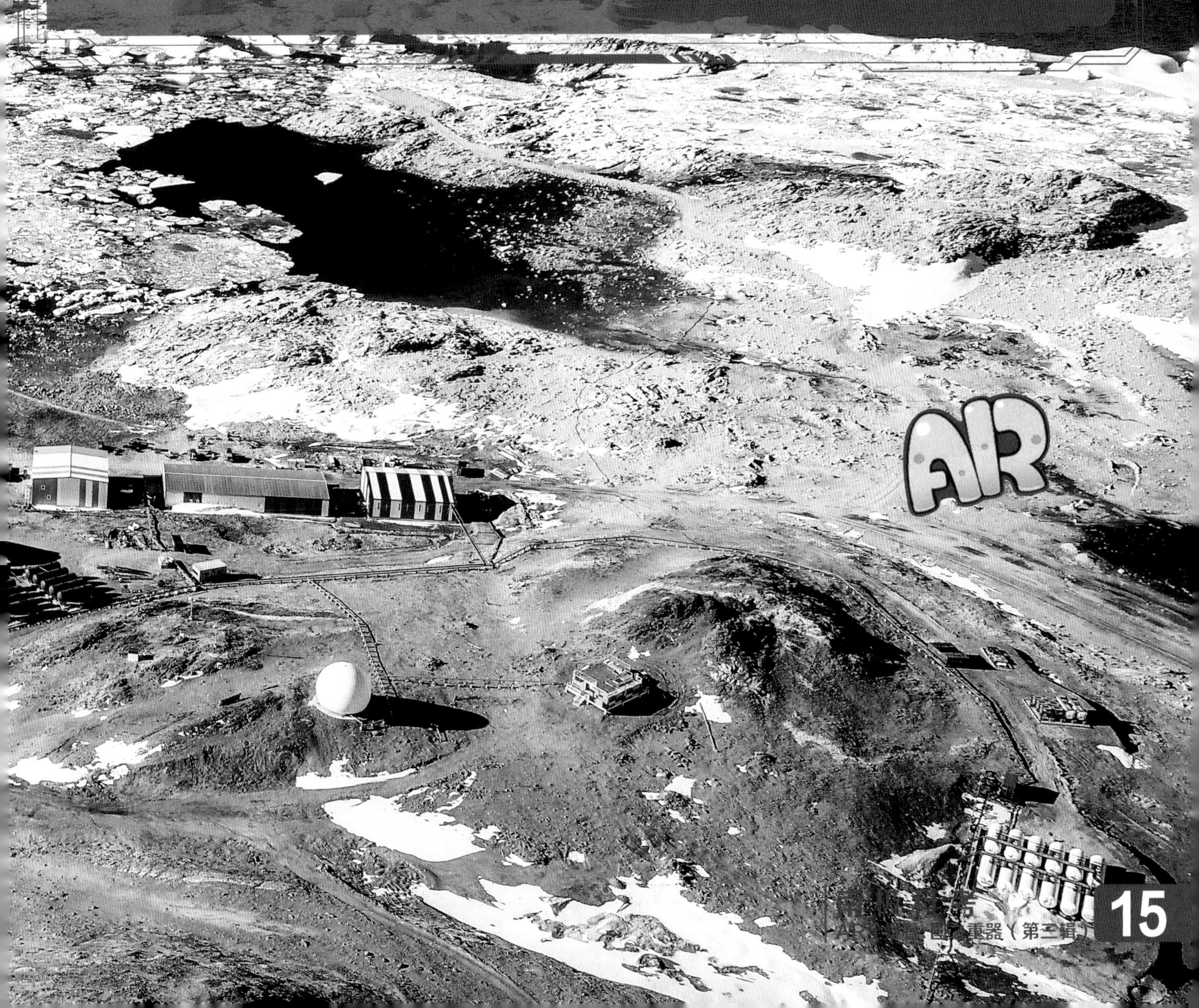

第一节 中山站“诞生记”

中山站建立于1989年2月26日，是中国在南极洲建立的第二个科学考察站，它的“诞生”并非一帆风顺，而是经历了重重困难和险阻。

1 突破围困，艰难建站

1988年11月20日，中国南极考察队搭乘“极地”号科考船从上海出发，前往南极洲，准备在东南极洲的拉斯曼丘陵地区建立中山站。经过一个多月的航行，“极地”号抵达南极浮冰区，在破冰航行过程

中，船艏左侧钢板被冰块撞出一个大洞，所幸“极地”号是双层钢板，海水没有灌进船舱。几天后，“极地”号通过高密度浮冰区，顺利抵达了南极拉斯曼丘陵建站预选区的陆缘冰前沿。

由于冰丘堵截，“极地”号短时间内无法靠岸。为了抓紧时间建站，考察队先用直升机将部分队员送上岸，大伙儿在满是石头的山岗上平整出一片相对平坦的地面，并挖掘了百余个用于建房的地基坑。之后，随着气温上升，冰丘出现裂痕，“极地”号终于脱困，成功将建站物资送到了岸边。

建房屋，安设备，装仪器……经过一个多月的艰苦努力，1989年2月26日，中国第二个南极科考站——中山站终于建成了！

2 站区升级，焕然一新

建站初期，中山站的建筑以集装箱式房为主，科考队员的居住和工作环境十分艰苦。此后，中山站逐步启动升级改造工程，大规模的拆旧建新工作由此展开。

在南极“拆房盖屋”可不是一件容易的事情，即使是在最“温暖”的夏季，气温也比较低。白天，大风肆虐，队员们冒着严寒，艰难施工；夜晚，大雪纷飞，寒气逼人，钻机发出隆隆响声，彻夜轰鸣。每拆完一栋房子，队员们都要平整地基，拉来卵石铺撒，恢复自然地貌，然后再在新的地基上建造新房……经过几代人的艰苦努力，今天的中山站已发生了翻天覆地的变化，拥有各种建筑，建有雪冰实验室和极区空间实验室。中山站俨然成为一座现代化“科技小镇”。

建站初期的中山站

3 科研装备日新月异

一是气象观测不断更新。1993年，中山站安装了臭氧光谱仪，开始了大气臭氧总量和紫外辐射的观测。随后，中山站又建成了大气本底站，开展温室气体的长期观测。2002年以来，在中山站到南极内陆的断面上，安装了多套由卫星传输资料的自动气象站，为提高极地天气预报能力发挥了重要作用。

自动气象站

自动气象站是指能自动收集和传递气象信息的观测装置，它由气象传感器、微电脑气象数据采集仪、电源系统、防辐射通风罩、全天候防护箱、气象观测支架和通信模块等构成，能够对风速、风向、雨量、空气温度、空气湿度、光照强度、土壤温度、土壤湿度、蒸发量、大气压力等十几个气象要素进行全天候现场监测。

二是大气激光雷达“落户”南极。在中国第35次南极科学考察期间，科考队员在中山站完成中国国内首台采用原子滤光器的窄带钠荧光多普勒激光雷达安装调试和试运行，首次同时探测到南极中间层顶区大气温度和三维风场，填补了极隙区中高层大气探测领域的空白。

三是建立了大气物理观测系统。科研人员在中山站建立了国际先进的极区高空大气物理观测系统，它与中国北极黄河站构成国际上为数不多的极区共轭观测台站。以极区观测为基础，中国在极光、极区电离层、空间等离子体波等多个方面取得了一系列研究成果。

知识点

大气激光雷达

大气激光雷达是激光雷达特有的一种应用，是利用激光与大气成分的相互作用来进行探测的一种手段。大气激光雷达主要有三种用途：一是对云、气溶胶及边界层进行探测；二是探测大气成分，比如测量臭氧及其他痕量气体；三是对大气温度进行探测。

第二节 日常工作和生活

常年居住在中山站的科考人员，他们日常的工作和生活是怎样的呢？下面，咱们一起去了解了解。

1 轮流值班，工作不舍昼夜

在中山站，全年进行的常规观测项目有气象、电离层、高层大气物理、地磁和地震等。每个观测项目都有专门的队员负责，比如气象观测，通常由2~3名队员负责，几个人轮流值班，工作连轴转，每隔6小时上传一次观测数据，为保证气象资料的完整性，他们还要24小时随时监测和记录天气变化。

除了日常的观测工作，队员们还有一项特殊的任务：卸货。当运送物资的科考船抵达中山站时，所有人都会“出手”，不管是科学家、研究员，还是工程师、医生，卸货期间每个人都是“运输员”，大伙儿奋战在卸货一线，24小时轮班，直到把船上的物资完全搬运到站里。

日常生活娱乐

2 休闲娱乐，生活丰富多彩

虽然工作不舍昼夜，充满辛苦，但是科考队员们的休闲娱乐方式很多，堪称丰富多彩。空闲时间，大家可以上网看书、看电影、玩游戏。喜欢运动的队员可以到健身房健身，或者到室内体育场打篮球、羽毛球、乒乓球和台球，站里有时还会组织台球赛和篮球赛。天气好的时候，队员们还可以去“串门”，走访附近的印度站、澳大利亚站和俄罗斯站等邻居，大家在一起谈天说地，其乐融融。

第三节 与暴风雪搏斗

南极洲是地球上暴风雪最为频繁的大陆，在这里工作和生活，遭遇暴风雪是家常便饭，中山站的科考队员们几乎都有与暴风雪搏斗的经历。

1 雪天观测，满脸都是泪

气象观测是中山站的重头戏，气象科考人员每隔6小时就要到观测场去进行一次观测。每一次观测都如一场激烈战斗，从温暖如春的屋内冲进暴风雪中，就像瞬间进入了冰窖，大风吹得人满脸是泪，而雪花打在脸上火辣辣地疼。有时暴风雪实在太大了，队员们就相互搂抱在一起观测，以免被大风吹倒，发生意外。

暴风雪对中山站科考队员的生活影响也很大，有时一晚上的积雪便达到两米深，队员们连站点门都无法打开，只有铲干净雪才能开门。因此，每次暴风雪过后，最忙碌的便是开铲雪车的机械师，不过，铲过雪的冰面也有两米多厚，行走在上面，一不留神便会摔得人仰马翻。

2 野外考察，突遭暴风雪

科考队员野外考察，有时也会遭到暴风雪的突然袭击。有一年1月，南极中山站区域突遭暴风雪袭击，风力最大达到了11级。当时，一位中国科学家和一位罗马尼亚学者正在距中山站15千米的野外进行地质调查。在猛烈的暴风雪袭击下，两人奋力与暴风雪展开搏斗，始终没有放弃，终于等来了救援，成功脱离了险境。

暴风雪中的中山站

第四节 极夜下的坚守

除了暴风雪，南极还有一种可怕的自然现象——极夜。从每年3月末开始，南极便进入极夜时间。对中山站科考队员来说，极夜是最难熬的一段时间，但是他们凭着浓烈的爱国热情，默默坚守，拼搏奉献，无怨无悔。

1 医生监督睡觉

极夜下的中山站气温在−30℃以下，并且伴有暴雪、狂风，对每一位科考队员来说都是严峻考验。在这种恶劣气候环境下，人很容易情绪化，再加上生物钟紊乱，对科考工作影响较大。为使队员们保持良好的精神状态，中山站专门配备了医生，除了给队员看病外，医生还帮助大家进行睡眠和情绪管理，监督每个队员的睡眠时间，帮助他们提升睡眠质量。大伙儿也自觉配合，按时作息，让自己保持良好的精神状态，以便更好地开展工作。

2 种菜改善伙食

漫长的黑夜笼罩着南极，对中山站的物资补给也会造成一定影响，特别是新鲜蔬菜有时会供应不上。为此，一些会种菜的队员“大显神通”，利用无土栽培技术，在温室里种出了莜麦菜、生菜、黄瓜、苋菜、芹菜等蔬菜，在一定程度上改善了科考队的伙食。

知识点

无土栽培

无土栽培是近几十年来发展起来的一种作物栽培的新技术。作物不是栽培在土壤中，而是种植在溶有矿物质的水溶液（营养液）里，或在某种栽培基质中，用营养液进行作物栽培。由于不使用天然土壤，而是用营养液来栽培作物，因此这种栽培方式被称为无土栽培。

3 科普南极

极夜下的中山站，每个人都必须学会排遣寂寞，过去由于条件限制，队员们既不能上网，也不能时常和家人通话，只能通过看书、看电影打发时间。现在网络通信发达了，大伙儿排遣寂寞的方式也就更多了，想家想亲人的时候，随时都可以视频聊天。一些队员甚至开通了短视频平台的账号，借助直播科普南极知识，有的甚至还拥有大量粉丝哩。

第五节 邂逅海豹

南极洲是海豹的故乡之一，在中山站工作和生活的科考队员们，时常都会和这种可爱的动物不期而遇。

1 采风遇上大海豹

一天，有个新来不久的队员背着相机，准备到外面采风。他沿着海边一直往前走，不多时，前方出现了一块黄色的“大石头”。他不以为然，甚至还想走过去，在“大石头”上歇歇脚，谁知当他走到距“大石头”两米左右的地方时，他忽然感觉到它在微微动弹。仔细一看，天哪，它头像狮子，身子像鱼，脚是两瓣的——原来是一只正在呼呼大睡的大海豹！他心里一阵狂喜，赶紧架上相机，准备拍摄这个画面。这时，海豹醒了，抬起头冲他发出一声吼叫，吓得这名队员拔腿狂奔，一口气跑出了20多米远。

2 围观小海豹诞生

中山站的队员们不仅经常和大海豹相遇，有时还会见证小海豹的诞生哩。有一年10月的一天，一只母海豹在中山站附近生小宝宝，这可把科考队员们高兴坏了，大伙儿一直用高倍望远镜仔细观察海豹妈妈的一举一动，直到小海豹诞生。这一天，中山站就像过年一样，所有人都沉浸在喜庆和欢乐的氛围中。

第六节 重大发现

多年来，中国科学家以中山站为依托，对南极的地理、地形、气候等开展研究，取得了一系列显著成就。南极科考队依托中山站良好的地面保障条件，对南极的沿海及内陆地区域开展多次大规模、系统性的科学考察，获得了许多重大科学发现。

1 发现地球表面最大峡谷

南极考察队在伊丽莎白公主地区域实地探明，地球表面最大的峡谷存在于南极洲伊丽莎白公主地区域的冰盖底部。这条峡谷的长度超过1000千米，顶部最大宽度26.5千米，深度超过1500米。它的规模超过了美国科罗拉多大峡谷，是地球表面迄今为止发现的最大的峡谷。

2 发现冰盖底部藏着湖泊

中国科考队经过探测发现，伊丽莎白公主地的冰盖下面藏有众多冰下湖泊和冰下水道，其中一个冰下湖泊的宽度达到26.5千米，另一个冰下湖泊形成于冰层厚度超过4000米的地方，它们相互贯通连接，成为南极冰盖底部最大的融水流域和“湿地”。这些发现，对冰盖物质平衡等方面研究具有重要意义。

南极冰下湖

3 发现深部冰层存在暖冰

中国科考队经过探测发现，伊丽莎白公主地区域的深部冰层呈现大范围暖冰现象，表明冰下基岩地热通量显著异常。暖冰的存在与冰下地质构造、板块结构和岩石热状况密切关联，这为地质学家研究南极大陆的形成和演化提供了新的视野和命题。

南极暖冰

第四章 走向未来

南极洲是人类共同的家园，需要全世界人民共同爱护它、守护它，不过，在全球气候变暖的大背景下，南极洲的未来不容乐观，包括中山站在内的南极科考站，未来的科考之路漫长而又艰巨。

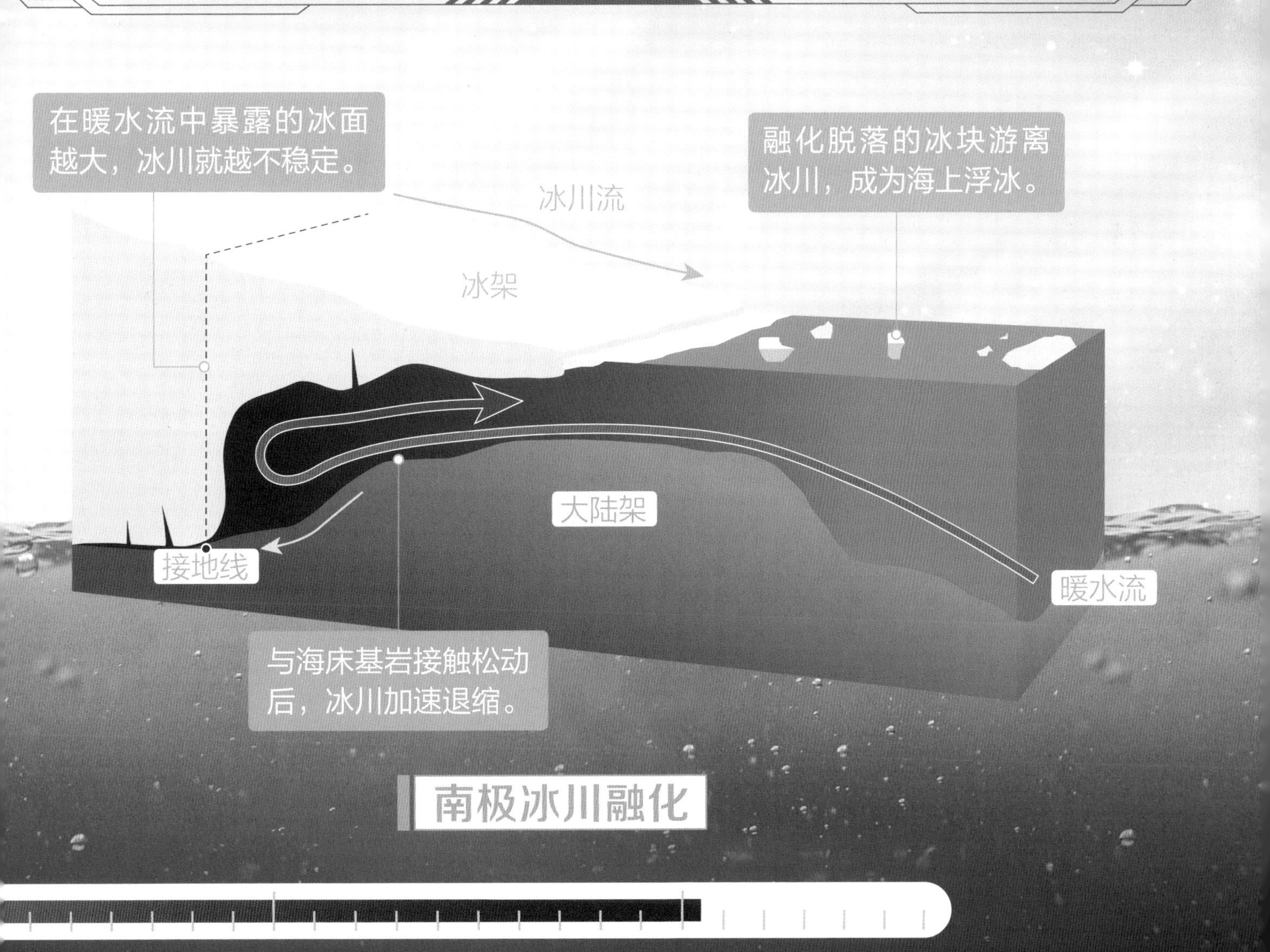

南极冰川融化

第一节 南极的未来

近年来，南极正遭受全球气候变暖带来的危机。据气象观测资料显示，南极是全球变暖最快的地区之一，在过去50年里，气温升高了近3℃。受气温升高影响，南极的冰川近年来融化明显，特别是南极西侧的冰盖已经在逐渐融化。值得庆幸的是，世界各国的科学家已经开始研究这个问题，各国考察队针对气候变暖也增加了考察任务，相信未来会提出建设性方案。

第二节 贡献中国智慧和中国力量

中国人民始终把极地科学考察作为造福人类的崇高事业，矢志不渝、接续奋斗，不断开创极地工作新局面。从1985年建立长城站起，中国南极考察走过了近40个春秋，建成了5个考察站，实现了破冰船队、雪地车队、固定翼飞机、考察站协同配合的立体考察模式，推动了我国极地事业高质量发展。在我国极地考察能力、科研力量和队员生活条件大幅提升的今天，我们将与国际社会一道，更好地认识极地、保护极地、利用极地，进一步为造福人类贡献中国智慧和中国力量，为人类和平利用南极立新功、创佳绩。